"十四五"时期国家重点出版物出版专项规划项目

◄农业科普丛书►

食用菌科普100问

张宇 徐宁 主编

中国农业科学技术出版社

图书在版编目（CIP）数据

食用菌科普100问 / 张宇，徐宁主编 . -- 北京：中国农业科学技术出版社，2024.4

ISBN 978-7-5116-6795-3

Ⅰ . ①食… Ⅱ . ①张… ②徐… Ⅲ . 食用菌—普及读物 Ⅳ . ① S646-49

中国国家版本馆 CIP 数据核字（2024）第 082825 号

责任编辑 张国锋
责任校对 李向荣
责任印制 姜义伟 王思文

出 版 者 中国农业科学技术出版社
北京市中关村南大街 12 号 邮编：100081
电 话（010）82109705（编辑室）（010）82106624（发行部）
（010）82109709（读者服务部）
网 址 https://castp.caas.cn
经 销 者 各地新华书店
印 刷 者 北京地大彩印有限公司
开 本 148 mm × 210 mm 1/32
印 张 4
字 数 70 千字
版 次 2024 年 4 月第 1 版 2024 年 4 月第 1 次印刷
定 价 36.00 元

编写人员

主　编　张　宇　徐　宁

副主编　彭思敏　胡　婷

参　编　（排名不分先后）

刘颖尉　黄晓辉　冯立国　贺超云

胡汝晓　孙叶光　吴　芳　周　钰

主/编/简/介

张　宇

张宇，男，中共党员，1986年5月生，湖南郴州人，中南财经政法大学金融学硕士、湖南大学工商管理硕士，审计师，现任湖南省食用菌研究所党总支书记、所长。曾任湖南省供销合作总社财务处副处长，湖南省湘合作再生资源公司副总经理，湘阴县三塘镇党委副书记，湖南省供销合作总社驻绥宁县唐家坊镇小乡村扶贫工作队队长、第一书记。主持并参与省自然科学基金、省社科联、省科技厅、省农业厅、省林业厅、省供销社课题项目多项；参与《林下竹荪栽培技术规程》《杏鲍菇分级》等多项地方标准与企业标准的制定和评审工作；起草的《关于我省食用菌产业发展情况的报告》为上级部门提供了政策咨询，并有多项论文成果获奖。

徐　宁

徐宁，博士，副研究员，湖南省科技特派员，湖南省科技项目评审专家。主持及重点参与国家科技支撑计划课题、湖南省战略性新兴产业科技攻关类项目及湖南省科技厅科技计划重点项目、湖南省农业农村厅等食用菌专题科研项目20多项。先后参与并完成科技成果30多项，获得国家授权发明专利8项，湖南省科技进步奖三等奖1项，第一作者在国内外刊物上发表学术论文13篇。制定地方标准10余项，成果登记14项，编著食用菌书籍3部。2022年获湖南省第十一届科普作品优秀奖，2023年获国家科技部全国优秀科普作品奖。

前 言

我国是世界第一大食用菌生产国、消费国和出口国，栽培食用菌已有1400多年历史，食用菌已成为我国仅次于粮、油、果、菜的第五大类农作物，是真正的大食物产业。据统计，全世界食用菌种类有2000多种。食用菌味道鲜美，营养丰富，受到广大消费者的喜爱和青睐，联合国粮农组织和世界卫生组织倡议“一荤一素一菇”的膳食结构。

习近平总书记明确指出：“科技创新、科学普及是实现创新发展的两翼，要把科学普及放在与科技创新同等重要的位置。”作为科技工作者，我们要增强科普责任感和使命感，发挥自身优势和专长，积极参与和支持科普事业，做好新时代科普工作。

为向公众宣传和普及食用菌科学知识，我们精心编写了这本简单实用的食用菌科普读物，本书涉及食用菌基础知识、菌种、栽培、加工等多个方面的内容，科学严谨、内容丰富、通俗易懂、实用性强，对大众了解食用菌具有一定的指导作用。

由于水平有限，疏漏和不足之处在所难免，请各位同仁和广大读者批评指正。

编 者

2024年3月

目　录

食用菌科普100问

1

什么是食用菌？

食用菌也称为“蘑菇”或“蕈菌”，泛指所有可形成大型子实体或菌核类组织，可供人们食用、药用以及食药兼用的大型真菌。在分类上属于真菌界，多数为担子菌门，如香菇、平菇、金针菇、草菇、木耳、银耳、杏鲍菇、黑皮鸡枞、秀珍菇、鸡腿蘑、猴头菇、竹荪、姬松茸、口蘑、红菇、灵芝、白灵菇、牛肝菌、灰树花、茯苓等；少数为子囊菌门，如羊肚菌、马鞍菌、块菌、虫草等。

2

食用菌有什么营养？

食用菌含有蛋白质、糖类、脂类、维生素、矿物质等多种营养成分，具有高蛋白、低脂肪、低热量和富含维生素、矿物质、膳食纤维的特点。新鲜食用菌的蛋白质含量为1.75%～3.63%，干制品蛋白质含量约为25%，远高于水果、蔬菜和粮食作物。所含氨基酸种类齐全，包括人体所必需的8种氨基酸。糖类、脂肪含量比较低，100克食用菌中仅含3.8克碳水化合物，脂肪少于2克，且85%以上为不饱和脂肪酸，多吃也不会肥胖。维生素含量高，种类多，含有维生素A、B族维生素、维生素C、维生素D、维生素E等。矿物质丰富，不仅含有人体必需的常量元素钙、镁、钾、磷、硫，还含有人体必需的微量元素锌、铜、铁、锰、镍、铬、硒、锗等，这些微量元素对人体健康十分有益。例如，100克双孢蘑菇干品中含钾640毫克，含钠只有10毫克，这种高钾低钠的食物适宜高血压患者食用。100克新鲜的黑木耳中含铁98毫克，含量是肉类的百倍以上，是理想的补铁食物。

3

食用菌在生物界中的地位是怎样的?

生物界分为动物界、植物界、真菌界、原生生物界、原核生物界。真菌界生物特征：细胞结构完整，不含叶绿素，不能进行光合作用，营养方式为异养，能分解和吸收有机物质，营腐生或寄生生活，对环境适应性强。真菌界又分为真菌门和黏菌门，真菌门分为五个亚门，分别是鞭毛菌亚门、接合菌亚门、担子菌亚门、子囊菌亚门和半知菌亚门。食用菌属于真菌门中的担子菌亚门和子囊菌亚门。担子菌亚门是真菌中最高等的一类真菌，其有性繁殖旺盛，可产生担子和担孢子。绝大多数已知的食用菌多为担子菌亚门，如香菇、双孢蘑菇、金针菇、平菇、木耳等。子囊菌亚门中的真菌营养体发达，多数为有隔菌丝，无性繁殖主要产生分生孢子；有性繁殖产生子囊孢子，如羊肚菌、蛹虫草、块菌等。

4

食用菌怎么分类?

按营养类型，食用菌可划分为三种类型：腐生型、寄生型、共生型。其中，腐生型食用菌靠分解枯死的木本、草本植物中的木质素、纤维素等来获取营养物质。大多数可栽培的食用菌均属于腐生型食用菌，如香菇、银耳、木耳、猴头菇、灵芝、金针菇等；寄生型食用菌是指菌类侵入活的植物或动物，靠吸收植物或动物的养分生活并繁殖的食用菌，如冬虫夏草、蛹虫草、蝉花、蜜环菌等；共生型食用菌必须靠活的动植物供给养分，且动植物和菌类双方互惠互利，如红菇、鸡油菌、松口蘑、松露、松乳菇、鸡枞菌等。

5

共生型食用菌有哪些？

两种生物生活在一起，互相提供营养物质又互相依存的现象称为共生。共生型食用菌和某些动植物存在着共生现象，双方互惠互利。和植物共生的食用菌有松露、红菇、松口蘑、鸡油菌、松乳菇等。和动物共生的食用菌中，最常见的有鸡枞菌。鸡枞菌和白蚁共生，成为白蚁巢的组成部分，待生长条件合适时长出子实体。共生型食用菌的人工栽培是目前食用菌产业发展的一个新方向，这些共生型食用菌驯化比较困难，难以完全实现人工栽培，价格昂贵。

6

药用食用菌有哪些?

多种食用菌是传统中药材，如冬虫夏草、蛹虫草、蝉花、雷丸、灵芝、猪苓、茯苓、猴头菇、蜜环菌、桑黄等。医学研究表明，食用菌有益气、强身、祛病、通经、益寿、抗肿瘤、抗病毒、增强免疫力、保护肝脏、保护肠胃、治疗支气管炎、降低血压血脂、美容养颜等功效。例如，灵芝抗癌护肝，猴头菇养胃，茯苓祛湿等。

7

在国外被称为“厨房里的钻石”“地下的黄金”的，是哪种食用菌?

在国外，松露被称为“厨房里的钻石”“地下的黄金”。松露属于真菌界、子囊菌门、子囊菌纲、盘菌目、块菌科、块菌属。欧洲人将松露、鹅肝、鱼子酱誉为世界三大珍肴。松露呈不规则球状，具有独特的香味、口感，含有芳香类物质等数百种挥发性成分以及丰富多样的营养成分和微量元素，具有极高的食用、药用价值，是全球最昂贵和稀缺的天然顶级食材之一。松露这种生长在阔叶树根部的真菌，一般生长在 5 ～ 40 厘米深的地底，不易寻获，它的生长条件十分苛刻，只要阳光、水分或者土壤的酸碱度稍有变化就无法生长，目前人工种植难度大。

8

“采三秀兮于山间”中的“三秀”是指哪种食用菌？

屈原《九歌》有云：“采三秀兮于山间，石磊磊兮葛蔓蔓。”诗中“三秀”指的是灵芝。灵芝又称灵芝草、仙草、瑞草，属于真菌界、担子菌门、担子菌纲、多孔菌目、多孔菌科、灵芝属。灵芝子实体是伞形的，呈紫红色或棕红色，是著名的中草药。中医药名著《神农本草经》《本草纲目》中均指出，灵芝有益气、安神、补血、养肝、壮骨等功效，用途极广。近代化学分析研究表明，灵芝含有多种氨基酸、生物碱类、香豆素类、甾醇类、酚类物质等，临床医学证明，灵芝对中枢神经、循环系统、呼吸系统、肝脏都有较好的保健作用。灵芝已被用于治疗多种疾病，如神经衰弱、消化不良、糖尿病、支气管炎、心绞痛、贫血、冠心病等。虽然灵芝确实有一定的药用价值，但绝不是使人起死回生、长生不老的灵丹妙药。

9

千年灵芝真的生长了千年吗?

千年灵芝并不是真的生长了千年，灵芝之所以被冠以“千年灵芝”之名，是因为古代的野生灵芝比较稀少罕见，这主要体现了灵芝的珍贵。从生物学上分析，灵芝属于一年生真菌。在自然环境下，灵芝从孢子萌发开始，经过菌丝体生长，继而形成子实体，产生新的一代孢子，整个生长周期不超过1年。灵芝成熟之后如果不采摘处理，灵芝的子实体就会变硬木质化，木质化后的灵芝营养价值大大降低。

10

竹荪为何能被称作“菌中皇后”？

竹荪属于真菌界、担子菌门、腹菌纲、鬼笔目、鬼笔科、竹荪属。常见并可供食用的品种有4种：长裙竹荪、短裙竹荪、棘托竹荪和红托竹荪。竹荪有雪白色的圆柱状菌柄，在菌柄顶端有一围细致洁白的网状裙从菌盖向下铺开，因此常被人称为“雪裙仙子”“山珍之花”“菌中皇后”。竹荪脆嫩爽口、香甜鲜美，别具风味，堪称色、香、味俱全，同时还富含多种氨基酸、维生素、无机盐等物质，营养价值高，是宴席上著名的山珍。

11

灰树花是花吗？

灰树花叫“花”但不是“花”，是一种食用菌。因其外形婀娜多姿，似一朵花，因此冠以花名。灰树花又名贝叶多孔菌、舞茸、栗蘑、莲花菌，属于真菌界、担子菌门、层菌纲、非褶菌目、多孔菌科、树花属。灰树花子实体初期呈灰黑色，成熟后逐渐变为浅灰色。菌盖随生长逐渐舒展，成熟后反卷，边缘薄，菌柄短。子实体整体呈珊瑚状分枝，末端呈扇形、匙状和舌状。菌盖重叠成丛，层叠似菊，其较大单株丛宽 30 ～ 40 厘米，重 2 ～ 3 千克。

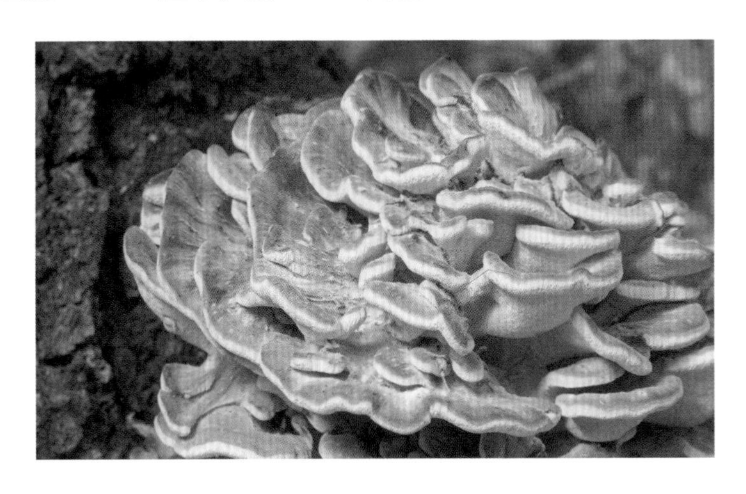

12

赤松茸是松茸吗?

赤松茸与松茸是两种不同的食用菌。赤松茸又称皱环球盖菇，属于真菌界、担子菌门、层菌纲、伞菌目、球盖菇科、球盖菇属；松茸又称松口蘑，属于真菌界、担子菌门、层菌纲、伞菌目、口蘑科、口蘑属。赤松茸和松茸中都含有较丰富的蛋白质、多糖、膳食纤维、维生素以及多种矿物质，但赤松茸和松茸的味道、颜色、形态、价格均有差异。

松茸

赤松茸

味道：两者都会散发出淡淡的清香味，但是赤松茸的清香味没有松茸的浓郁，口感比松茸更脆。

颜色：赤松茸的菌盖为红色或深红色，菌柄为白色，菌盖上常有白色的斑点分布，而松茸的肉质为白色，菌盖和菌柄均有褐色或浅棕色的细小绒毛分布。

形态：赤松茸菌盖为伞状，比较光滑，菌柄基部粗大；而松茸菌盖圆滑，呈半圆状，体型比较匀称。

价格：松茸是野生的珍稀名贵食用菌，价格远高于赤松茸。

13

银耳比黑木耳更有营养吗?

银耳与黑木耳都富含蛋白质、矿物质、维生素、多糖等多种营养成分，且蛋白质、脂肪、多糖含量差异不大。黑木耳含有较多的纤维素，有助于润肠通便，更适宜减肥、便秘人群食用。此外，黑木耳还含较高的维生素 D、钙、铁等物质，是家常烹饪的美味菜肴，经常食用有助于人体壮骨和补血。银耳为滋补之品，常用于炖汤、泡水，有助于益气补血、美容养颜、清热去火。

银耳

木耳

14

虫草花和冬虫夏草是同一品种吗?

虫草花

冬虫夏草

虫草花和冬虫夏草是两种不同的食用菌。冬虫夏草属于真菌界、子囊菌门、核菌纲、麦角菌目、麦角菌科、线虫草属。虫草花也叫北虫草，属于真菌界、子囊菌门、核菌纲、麦角菌目、麦角菌科、虫草属。虫草花和冬虫夏草的外观、生长环境、营养成分、价格均有差异。

外观：虫草花颜色橙黄，长约3厘米，外形上没有虫体，只有草花。冬虫夏草下虫上草，长约6厘米。

生长环境：虫草花是人工培育而成，培养基是仿造

天然虫草所含的各种养分，包括谷物类、豆类、蛋奶类等。冬虫夏草是野生的，一般生长在海拔高度3 000米左右的草坡上，主产于西藏、四川、云南等地。

营养成分：虫草花含有丰富的蛋白质、虫草素、甘露醇、多糖类等成分；而冬虫夏草主要活性成分为虫草酸、虫草多糖等有益于人体吸收的物质。

价格：冬虫夏草是野生的，比较珍贵，价格远高于虫草花。

15

羊肚菌被称为羊肚菌，是因为长得像羊肚吗？

羊肚菌属于真菌界、子囊菌门、盘菌纲、盘菌目、羊肚菌科、羊肚菌属。菌盖近球形、卵形至椭圆形，高可达10 厘米，菌盖顶端钝圆，表面有凹坑，凹坑呈不定形至近圆形，宽 4 ～ 12 毫米，蛋壳色至淡黄褐色，棱纹色较浅，不规则地交叉，因外形酷似羊肚而得名，是目前可以人工栽培的珍贵食用菌之一。羊肚菌不仅外观独特，还是低热量高蛋白的健康食品。羊肚菌干品蛋白质含量可达 26.9%，粗脂肪含量约为 3.82%，而且所含的脂肪酸绝大部分是对人体健康有益的不饱和脂肪酸。羊肚菌还含有 19 种游离氨基酸，包括人体所需的 8 种必需氨基酸，占氨基酸总量的 40% 左右。

16

花菇是怎么形成的？

花菇是香菇中的上品，香菇菌盖纹路裂开，形成褐白相间的花纹，因而被称为花菇。花菇是在特殊环境条件下刺激形成的，其肉质细嫩、营养丰富、味道鲜美，深受广大消费者的喜爱，市场售价远高于普通香菇。因此，在香菇生产中，提高花菇产量一直是广大菇农追求的主要目标之一。

实际生产中，在适宜的温度条件下，连续干燥 2 ～ 3 天，如果出现几小时的降水，香菇就会快速“生长”并形成花菇。花菇形成的主要原因是干湿差，干燥是花菇形成的前提，低温、光照、通风加上合理的干湿差是生产优质花菇的有利条件。

17

天麻不能进行光合作用，要依赖哪种食用菌获取营养？

天麻是兰科植物，不含叶绿体，因此不能进行光合作用获取养分，要依赖蜜环菌获取营养，没有蜜环菌，天麻就不能生长。

蜜环菌是一种食药兼用菌，属于真菌界、担子菌门、伞菌纲、伞菌目、小皮伞科、蜜环菌属。蜜环菌菌丝接触到天麻时，菌丝体侵入皮层，在天麻中生长，而天麻块茎的中柱和皮层交界处是天麻的“消化层”，当蜜环菌菌丝侵入该层时会被消化利用，成为天麻的养分。

18

为什么有些食用菌会发光？

食用菌发光是因为其体内存在一种特殊的荧光性化合物，称为荧光素。荧光素是发光生物体中有机化合物的总称。它可以在荧光酶存在的情况下，与氧气和水发生特定的酶促反应。一方面，荧光素分子转化为一种叫氧化荧光素的分子；另一方面，该反应过程中产生的能量使氧化荧光素分子中的电子被激活并回归基态，氧化荧光素分子开始衰变，能量释放引起了光子发射，从而产生了光。通常生长在有机质和湿度较高环境中的食用菌更具有发光的可能性。不同食用菌的发光效果和颜色与其体内荧光素物质的种类和含量息息相关。食用菌发光的目的是吸引活动的昆虫，帮助其传播孢子，这是一种繁殖策略。在自然界中，与此类似的荧光性生物还有萤火虫、水母、琵琶鱼等。

19

世界上最大的食用菌有多大?

世界上最大的生物既不是蓝鲸也不是巨树，而是一种食用菌。1998 年，生物学家在美国俄勒冈州的东部发现了迄今为止最大的真菌——1 株面积接近 10 平方千米的蜜环菌。它的菌丝在地下不断地延伸，甚至可以霸占整个森林。从地面上来看，它不过是一簇簇的蜜环菌，然而它地下的菌丝却是相连的，DNA 检测发现方圆 9.6 平方千米的蜜环菌为同一株真菌，预估它已经生长了 2400 年，如果衡量重量的话，它长出地面的蜜环菌子实体和地下的菌丝体加起来的重量将会超过 1 万吨，堆到一起将会像一座小山，可谓地球上最大的生物体。

20

为什么雨后的树林中会出现很多食用菌?

食用菌是异养型真菌，通过菌丝从外界环境中吸收养分，常生长在阴、暖、湿且富含有机质的地方。因此，雨后的树林中会出现很多食用菌有以下原因。

（1）树林中的土壤和残枝败叶能为食用菌生长提供养分，有助于食用菌孢子的萌发和菌丝生长。

（2）雨后的树林湿度很大，环境中的含水量较高，大量营养成分溶解在土壤中，促进了食用菌菌丝对营养和水分的吸收，加快了食用菌的生长。

21

为什么墙角可以长出食用菌?

食用菌的孢子落到了黑暗、潮湿的墙角，有利于孢子的萌发和菌丝的生长，墙角的杂质如灰尘、油渍、细菌等会为食用菌的生长提供养分。以下因素有利于墙角长出食用菌。

（1）墙角的湿度。食用菌生长需要一定的湿度，当墙壁表面有漏水、雨水或者湿气无法迅速蒸发时，墙角会积累较多水分，有助于食用菌孢子的萌发和菌丝的生长。

（2）墙壁的材质。材质决定了其吸湿性和透气性，当某些材质吸湿性较差，湿气无法迅速散发，增加了食用菌生长的可能性。

（3）墙角的光照。食用菌通常喜欢阴暗、潮湿的环境，墙角光照不足时有利于食用菌孢子的萌发和菌丝的生长。

22

食用菌为什么味道鲜美？

食用菌味道鲜美源于其内含有以下丰富的鲜味活性物质。

（1）鲜味活性氨基酸。如谷氨酸、天冬氨酸、甘氨酸、丙氨酸。谷氨酸鲜味最强，遇到钠离子会发生反应生成谷氨酸钠，即味精。

（2）丰富的核苷酸。如鸟苷酸、肌苷酸、胞苷酸、黄苷酸、腺苷酸等，其中鸟苷酸的含量最为丰富，有助于提升鲜味。

（3）不饱和脂肪酸和其他活性成分。如亚麻油酸、花生四烯酸，它们与一些维生素、无机离子、有机酸等相互协同发挥作用，呈现出食用菌独特的鲜美滋味。

23

食用菌中的重金属含量高吗?

食品中铜、锌、铅、镉等重金属含量超过一定量后会对人体健康造成危害，世界卫生组织规定每人每周对镉的摄入限量为 0.4 ～ 0.5 毫克，对铅的摄入限量为 3 毫克。

食用菌是否重金属超标主要与其生长环境相关，市场上出售的食用菌大部分是利用杂木屑、棉籽壳、麸皮等一些农林副产物作为栽培基质。多个调研结果表明，市场上销售的食用菌的重金属含量总体上符合国家卫生标准的规定，食用是安全的。但部分野生食用菌由于生长在野外不可控的环境下，重金属含量可能会高于人工栽培的食用菌。建议广大消费者购买人工栽培食用菌产品，以保证食用安全。

24

食用菌的嘌呤含量高吗?

根据嘌呤含量的多少，可将食物分成高嘌呤食物、中嘌呤食物和低嘌呤食物。

高嘌呤食物：每100克食物中嘌呤含量大于150毫克。

中嘌呤食物：每100克食物中嘌呤含量为50～150毫克。

低嘌呤食物：每100克食物中嘌呤含量小于50毫克。

研究表明，市场上常见的新鲜食用菌嘌呤含量较低，均为低嘌呤食物，如香菇（约36毫克/100克）、金针菇（约34毫克/100克）、姬菇（约25毫克/100克）、平菇（约24毫克/100克）、杏鲍菇（约16毫克/100克）、草菇（约12毫克/100克）、茶树菇（约12毫克/100克）、双孢蘑菇（约23毫克/100克）。食用菌加工处理后可能会对嘌呤含量产生影响，例如，香菇干制或水煮后嘌呤含量下降。

嘌呤摄入过多会引起尿酸升高导致痛风，特别是次黄嘌呤和黄嘌呤，在黄嘌呤氧化酶的作用下最终被水解成尿酸，诱发痛风症状。海鲜、豆类、动物内脏等高嘌呤食物以黄嘌呤和次黄嘌呤为主，一般高尿酸人群不建议食用；而食用菌中的嘌呤种类主要是腺嘌呤和鸟嘌呤，对于普通人群而言，进食食用菌是没有影响的。据相关文献报道，在痛风急性发作期，痛风病人每日食用200克以内的新鲜食用菌是安全的。

25

食用菌可以经常吃吗？

一般来说，经常吃食用菌有助于人体健康。食用菌蛋白质含量高，含有人体所必需的8种氨基酸。脂肪含量较低，且以不饱和脂肪酸为主，是理想的高蛋白低脂肪食品。此外，食用菌还含多种人体必需的维生素、矿物质、纤维素、多糖等，经常食用能够补充人体所需的维生素和矿物质，增强人体的免疫功能，有助于促进胃肠道蠕动，具有一定的预防便秘的作用。但不建议一次性过量摄入食用菌，否则可能会加重肠胃负担，进而出现腹胀、腹痛等胃肠不适情况。尤其是对于胃肠道功能较差的人群而言，由于消化功能相对较差，更需控制合适的食用量。日常饮食中应注意食物多样化，才能保证营养摄入均衡，除食用菌外，还应吃一些新鲜的蔬菜、水果、肉类等。

26

为什么说猴头菇养胃?

猴头菇属于真菌界、担子菌门、担子菌纲、多孔菌目、齿菌科、猴头菌属，形状极似猴子的头，因而得名。猴头菇营养价值很高，含有蛋白质、脂肪、碳水化合物等营养物质以及多糖、低聚糖、萜类物质、甾体化合物、吡喃酮类化合物等活性成分。研究表明，猴头菇作为食药用菌，具有很好的保健和养生功能，其发挥保健作用的最主要的功能活性成分是猴头菇多糖，对治疗肠胃溃疡具有十分良好的效果，有保护胃黏膜和抗幽门螺杆菌的作用，能改善食欲，加速肠胃溃疡和炎症的消失。目前市场上常见的猴头菇保健产品有猴头菇养胃粉、猴头菇胃肠保健口服液、猴头菇多糖片等。

27

金针菇为什么不能消化完全?

膳食纤维分为可溶性膳食纤维和不溶性膳食纤维。不溶性膳食纤维是碳水化合物中不易被消化的各种多糖成分，是一种很稳定的物质，难以被胃酸彻底溶解、消化吸收。有一些食物，如金针菇、玉米粒、韭菜等，因为含有丰富的不溶性膳食纤维，吃进去后会以原样排出，因此被称为“明天见”。不溶性膳食纤维对人体的作用很大，有润肠通便、缓解便秘、降低血糖上升速度的作用，因此有助于减肥。此外，金针菇营养丰富，氨基酸的含量高于一般食用菌，尤其是赖氨酸的含量特别高，有助于促进儿童智力发育，因此也被称为“益智菇”。

其实，“明天见”也不是必然出现的。比如，做菜过程中把食物尽量切碎，吃的时候进行充分咀嚼，有助于这些食物在肠胃中被充分消化吸收，能在一定程度上避免“明天见”。

28

金针菇开袋后的刺鼻气味是甲醛吗?

拆开金针菇包装袋时闻到的刺鼻气味并不是甲醛，是由于运输过程中的长时间密封和温度变化，导致金针菇由有氧呼吸转为无氧呼吸，进而产生了一些挥发性的醛类气体，这种刺鼻气味会在打开一段时间后消失。

科学试验结果表明，食用菌中的甲醛并非人为添加或环境污染所致，而是其在生长过程中的自然产物。一般情况下，食用菌中自然产生的甲醛含量可忽略不计。此外，由于甲醛易挥发、易溶于水，在日常生活中，食用菌经过食用前的放置、冷藏、泡发、洗涤、煮熟，甲醛含量会明显降低。所以，消费者大可放心食用，不必有顾虑。

29

白色的金针菇为什么姓“金”？

野生金针菇菌盖为黄褐色，表面有胶质的薄皮，湿润的时候具有一定的黏性。菌柄下半部暗褐色，甚至黑色，上半部逐渐变淡黄色。菌褶为白色或近白色。

金针菇名字的由来，是因菌柄形状及色泽极似金针菜，故名金针菇。早期人工栽培采用的是颜色为黄褐色的金针菇品种，其外观特征与野生金针菇相似。之后，日本鸟取大学的北本丰教授通过杂交技术获得了世界上第一株白化金针菇菌株，并在全世界推广使用。目前工厂化金针菇主栽品种以生产周期短、产量高的白色品种为主。

30

彩色的食用菌是染了色素吗?

彩色的食用菌不一定是染了色素。在自然界中，很多食用菌本身就具有丰富的颜色，这与它们的基因、生长环境或特定的营养成分有关。如下图所示，这类食用菌可能是因为含有较多的类胡萝卜素而呈现红色。

然而，在市场上也不排除有些不良商家会使用色素来染色食用菌，以提高它们的外观吸引力。消费者可以通过以下方法进行鉴别。首先，观察食用菌的外观是否自然，颜色是否均匀。如果颜色过于鲜艳或不均匀，可能是染色的迹象。其次，可以闻一闻食用菌的气味，正常的食用菌应该有其特有的香气，而染色的食用菌可能会有异味。此外，购买食用菌时选择可靠的供应商也是很重要的。

31

平菇只有灰色的吗?

平菇属于真菌界、担子菌门、伞菌纲、伞菌目、侧耳科、侧耳属，含丰富的维生素及矿物质等营养物质，具有改善人体新陈代谢、增强体质、调节神经功能等作用。市面上常见的平菇主要以灰色为主，而实际上平菇子实体的菌盖颜色因品种不同差异很大，常见有白色、灰色、灰白色、灰黑色、黄色、桃红色等，如榆黄蘑、桃红平菇、黑平菇等。

神奇的是，同一品种平菇的“肤色”会随着温度和成熟度的变化而变化。平菇在低温季节“肤色”较深，高温季节“肤色”会变浅，夏天的和冬天的平菇颜色对比会更明显；多数平菇幼时颜色较深，呈深灰色甚至黑色，随着成熟度的提高而颜色逐渐变浅。所以我们在超市或菜市场购买平菇的时候，会发现有不同颜色的平菇。

32

虫草花的选购技巧有哪些？

可以从以下几个方面选购虫草花。

（1）包装。一般好的虫草花在生产地就进行包装，正规的产家包装上有厂址、联系方式、品牌等企业信息。

（2）干度。优质的虫草花一般干度会达到90%以上，上手感觉较硬、脆。

（3）形态。优质的虫草花为圆身、实心、有质感、表面光滑。

（4）气味。优质的虫草花气味清香，略带牛奶的香味。

（5）颜色。优质的虫草花为金黄色或橙红色，有光泽，开水泡后汤色清亮，呈金黄色或橙黄色。

33

如何挑选干香菇？

香菇属于真菌界、担子菌门、伞菌纲、伞菌目、光茸菌科、香菇属，素有“山珍”之称。香菇因具有香味浓烈、口感丰富、营养价值高等特点深受广大消费者的青睐。干香菇是鲜香菇经过干制得到的产品，是最为常见的干货之一。以下是挑选干香菇的几个要点。

（1）外观。优质的干香菇菌体完整，大小均匀，表面光滑，纹理美观，无明显破损或裂痕。菌盖厚实，具有一定的弧度，边缘向内卷。菌柄短而粗大。

（2）气味。优质的干香菇具有浓郁、特有的香菇香气，无霉味或者异味。

（3）质地。手感干燥，以质干而不脆为佳。

（4）色泽。优质的干香菇菌体表面呈黄褐色或黑褐色，色泽均匀、饱满、光亮。

34

如何泡发黑木耳？

黑木耳是优质食材，营养丰富。干制黑木耳要泡发后才可烹饪食用，泡发步骤如下。

（1）准备原料：干制黑木耳、纯净水。泡发前需对黑木耳进行筛选，如有霉变、腐烂，应丢弃。

（2）浸泡。将木耳放入容器中，倒入冷水进行浸泡。吃多少泡多少，不要一次性泡发太多。

（3）搓洗泡发。搓洗黑木耳表面的灰尘和杂质，然后换清水重新浸泡，泡软清洗后即可烹饪。重新浸泡时间不宜过长，1～2小时即可，以免滋生细菌。如在气温较高的时节，可将其放置在冰箱中冷藏泡发。

（4）保存。泡发后若不能马上烹饪食用的，需放在冰箱中冷藏保存，保存时间不宜过长。烹饪前如果发现黑木耳表面黏糊糊、发软或者有异味，果断丢弃。

35

食用菌常见的烹饪方法有哪些？

食用菌的烹饪方法有很多，以下是几种常见的方法。

（1）炒。将食用菌洗净后切片或切丝，与其他配菜（如肉片、青椒、鸡蛋等）一起翻炒至熟透，加入适量盐、生抽、鸡精等调味即可。常见菜品有：香菇炒肉、平菇炒蛋、青椒炒猪肚菇等。

（2）炖汤。将食用菌洗净后，与肉类（如鸡肉、鸭肉、排骨等）、生姜、料酒等一起入锅，加入适量清水，大火烧开后转小火炖煮，最后加入适量的盐、鸡精等调味即可。常见菜品有：羊肚菌鸡汤、竹荪排骨汤、茶树菇老鸭汤等。

（3）火锅。将食用菌洗净处理后备用。

（4）烤。将食用菌洗净，沥干水分，均匀刷上食用油后，放入预热好的烤箱中烤制，最后撒上盐、孜然粉和辣椒粉进行调味即可。常见菜品有烤金针菇、烤香菇、烤双孢菇等。

（5）蒸。将食用菌洗净，摆放在盘子里，放入蒸锅进行蒸制，蒸好后淋上适量的生抽和香油即可。常见菜品有蒜蓉金针菇等。

（6）凉拌。将食用菌洗净切片或撕成小朵，放入锅中焯水，捞出后过凉水备用。同时可加入其他食材一起凉拌，如黄瓜、胡萝卜、花生等。最后加入适量的盐、鸡精、蒜末、辣椒等进行调味即可。

（7）生食。可以生食的食用菌有松茸、黑皮鸡枞菌、黑松露等。应注意，生食食用菌存在一定的食品安全风险，如细菌、寄生虫等污染，因此建议选择新鲜、无污染的食用菌，并在食用前进行彻底的清洗和处理。

36

食用菌除做菜品外，还可以做什么？

日常生活中，食用菌多用于食用，为人们的餐桌增添丰富的口味和营养。除了食用之外，它还有很多其他的用途。

（1）药用。目前市场上已有一些以食用菌为原料的成品药物。比如，香菇多糖注射液：香菇多糖是香菇中的一种活性成分，具有免疫调节等功效。灰树花胶囊：灰树花胶囊是一种口服药物，具有益气健脾等功效。

（2）调味品。食用菌中含有多种氨基酸，是鲜味的主要来源，同时它还可以与其他成分（如多糖等）相互作用，产生更丰富的味道。例如，通如干燥、粉碎、制粒等工艺制成菌菇粉或菌菇类味精；也可经浸提、发酵、预煮等工艺生产成鲜美的酱油、醋、调味汁等。

（3）化妆品。食用菌在化妆品领域也有广泛的应用，目前已经开发的产品有化妆水、面膜、精华液、身体乳等，其内均含有菌菇提取物，具有一定的保湿、抗氧化、舒缓等功效。

37

如何将食用菌制作成盆景？

食用菌盆景制作是一种将生物技术和传统盆景艺术结合起来，依据食用菌生物学特性，通过人工栽培、截枝、靠接以及化学药物处理等形成不同形态食用菌盆景的新工艺。以灵芝为例，可通过以下步骤制成灵芝盆景。

（1）造型培养。依据灵芝的生物学特性，通过调节光、温、气、湿等生长条件，进行灵芝的抑长、助长，促成不同姿态的灵芝。

（2）造型镶嵌。依据所需盆景造型选择合适形态的灵芝，或依据现有形态的灵芝，运用切割、拼接、镶嵌、粘固等工艺进行造型设计。

（3）装盆固定。选择合适的花盆，使用石英石砂或者其他沙子、铁丝网等对灵芝加以固定。此外，可用干苔藓、地衣、卷柏等不易腐烂的植被加以美化衬托。

（4）涂膜保护。采用喷清漆处理，以保持灵芝盆栽的光泽，并起到防虫、防潮、防龟裂等目的。

38

野生食用菌比人工栽培食用菌更有营养吗?

有些消费者认为，野生食用菌是纯天然的，其营养成分高于人工栽培食用菌，这个观点是不对的。研究表明，人工栽培的一些食用菌的营养成分和药用成分并不低于野生食用菌。在人工栽培食用菌的过程中，根据人们的生活需求，在配方配比方面加入了人体所需的营养成分，在栽培技术方面也进行了改良，所以人工栽培的食用菌某些营养成分可能高于野生食用菌。另外，野生食用菌在食用上存在一定的安全隐患，因为其生长的生态环境是很复杂的，生存环境中的土壤重金属含量可能超标，而食用菌对重金属和微量元素有一定的富集作用，所以采集的野生食用菌有可能存在重金属超标的现象。此外，野生食用菌多种多样，难以辨认是否有毒，建议食用人工栽培的食用菌。

39

野生食用菌可以实现人工栽培吗?

我国野生食用菌资源丰富，如今一些常见的人工栽培食用菌就是由野生食用菌驯化而来的，如平菇、香菇、金针菇、木耳、杏鲍菇、秀珍菇、姬菇、双孢蘑菇、羊肚菌等。但是，某些比较受欢迎或名贵的野生食用菌，由于对其生长机制和生长条件还不够了解，通过目前的栽培技术，还不能实现人工栽培，例如鸡枞菌、红菇、松茸、黑松露等野生珍稀食用菌类。随着科学技术的发展和对野生食用菌的深入研究，未来将有更多的野生食用菌可实现人工栽培。

40

颜色艳丽的食用菌是有毒的吗?

“颜色艳丽的食用菌有毒”这种说法并不成立。从色彩判断食用菌是否有毒是无科学依据的。许多色彩艳丽的食用菌，如鲜红的红菇和橙黄色的蛋黄菌，味道美味可口，并无毒性；而部分色彩不艳丽、长相不好看的食用菌是有毒的，如外表毫不起眼的毒鹅膏菌，却有超强的毒性。因此，不能通过色彩是否艳丽来辨认食用菌是否有毒。

一般来说，有毒食用菌的形态、颜色、大小、气味与可食食用菌无明显区别，非专业人士根本难以鉴别。某些剧毒食用菌一旦被误食，死亡率非常高。鹅膏属的一些种类是最常见的剧毒食用菌，它们的基本鉴别要点：长有“菌盖、菌环、菌托”，但还存在很多不具有类似结构的其他有毒食用菌。因此，不要随意采食野生食用菌!

41

食用人工栽培的开伞食用菌会中毒吗?

食用菌开伞是食用菌菌盖打开呈伞状的样子。食用菌开伞主要是由于过度生长或储藏过久，是食用菌生长过程中的正常现象，表明食用菌已经生长成熟，开伞后便于将成熟的孢子弹射出去传播。一般食用人工栽培的开伞食用菌不会中毒，但开伞以后营养价值会降低，品质和口感会变差。若开伞后的食用菌还出现别的变质现象，如发霉、变色、发臭等，则不应再继续食用，否则可能会产生恶心、呕吐、腹痛、腹泻等症状。

42

野生食用菌中毒的类型有哪些？

食用菌中毒的类型有胃肠炎型、神经精神型、溶血型、肝肾损害型、光过敏性皮炎型、呼吸与循环衰竭型等。

（1）胃肠炎型。中毒潜伏期短，进食后10分钟至6小时发病，主要为恶心、呕吐、腹痛、腹泻等症状。一般病程较短，恢复较快，预后较好，致死率低。引起此种中毒类型的食用菌主要是毒红菇、毒粉褶菌、白乳菇等。

（2）神经精神型。潜伏期为30分钟至6小时，其症状反应可分为精神错乱以及幻觉、神经兴奋或神经抑制等，一般很少发生死亡。引起此类型中毒的食用菌主要有纹缘鹅膏菌、褐云斑鹅膏菌、毒蝇鹅膏菌等。

（3）溶血型。中毒潜伏期长，一般长达6～48小时。发病后先出现腹痛、恶心、呕吐等胃肠炎症状，患者体内红细胞被迅速破坏，很快出现溶血性中毒症状，表现为黄疸、急性贫血、血红蛋白尿、尿毒症、肝肾肿大等。引起此类型中毒的食用菌主要是鹿花菌。

（4）肝肾损害型。中毒潜伏期较长，一般6小时至数天，病程较长。这类食用菌毒素化学性质比较稳定，耐干燥、高温和酸碱，一般的烹调加工不易破坏其毒性。该型中毒病情凶险，如不及时积极治疗，致死率很高。引起此类型中毒的食用菌有致命鹅膏菌、灰花纹鹅膏菌、密褶黑菇等。

（5）光过敏性皮炎型。潜伏期一般 1 ～ 2 天，当毒素经过消化系统被人体吸收后，人体细胞对日光敏感性增高，阳光照射部位出现皮炎症状，如面部和手臂红肿，嘴唇肿胀外翻，同时出现火烧般及针刺样疼痛，病程可达数天之久。引起这种类型中毒的食用菌主要是胶陀螺菌和叶状耳盘菌。

（6）呼吸与循环衰竭型。潜伏期短则 20 分钟至 1 小时，长则达 1 天，甚至 10 余天，其症状主要为急性肾功能衰竭、中毒性心肌炎和呼吸麻痹，死亡率较高，但其肝功能正常，可与前面各类型相区别。引起这种类型中毒的食用菌主要为亚稀褶黑菇和稀褶黑菇。

43

误食野生食用菌中毒了怎么办?

误食野生食用菌中毒后，应采取以下措施。

（1）立即拨打120急救电话，及时前往医院治疗，并告诉接诊医生食用的野生菌的种类、时间、地点。

（2）及时催吐以减少毒素的吸收，减轻中毒程度，如大量饮用温开水或稀盐水，然后用手指、汤勺等硬质东西刺激咽部，帮助呕吐。催吐后，饮用少量盐糖水，补充丢失的体液，防止脱水导致休克。对已昏迷的患者不要强行向其口中灌水，防止窒息。

（3）保留所食用的野生菌供专业机构、医疗人员救治参考。若实在无法提供样品，也尽量提供呕吐物等。

（4）如果所就诊医院不具备救治野生菌中毒的医疗条件，应尽快将病人转到具备条件的医疗机构救治。

44

食用菌的生长发育可分为哪些阶段？

食用菌的生长发育可分为以下阶段。

（1）孢子萌发。孢子是食用菌抵抗不良环境、繁衍后代的生殖细胞，包括无性孢子和有性孢子两类。在适宜的环境中孢子能萌发形成菌丝。

（2）菌丝体生长。菌丝体是食用菌的营养器官，它们在适宜的环境中通过吸收和分解营养物质不断生长。

（3）子实体形成。子实体是食用菌的繁殖器官和可食用部分，其成熟后会释放孢子，开始新一代的繁殖。

45

食用菌孢子的作用是什么？传播方式有哪些？

食用菌孢子的主要作用是繁殖。孢子作为食用菌的生殖细胞，可以在适宜的条件下萌发形成菌丝体，最终发育成子实体。除此之外，孢子中携带着食用菌的遗传信息，确保了物种的遗传多样性和稳定性，这也为食用菌的分类和鉴定等相关研究提供了宝贵的菌种资源。

孢子传播是食用菌繁殖的重要途径，可使食用菌在不同的环境中生存和繁衍，从而扩大其分布范围。以下是一些常见的食用菌孢子传播方式。

（1）自然方式。孢子可通过风吹、水流、动物携带等方式进行传播。

（2）人工方式。在食用菌的育种过程中，可通过孢子分离等方法收集孢子。

46

如何收集食用菌孢子？

食用菌孢子的常见收集方式如下。

（1）直接采集法。对于一些已经成熟并开始释放孢子的食用菌，可以直接采集其孢子。通常可将食用菌的子实体直接放在干净的纸上或容器中，等待其释放孢子。

（2）收集器法。借助设备进行孢子收集，以提高孢子的收集率和纯净度。孢子收集器多由外罩、收集器、过滤器、支撑架、悬挂架等部分组成。

食用菌孢子印

（3）空气采样法。适用于孢子散布在空气中的食用菌。可将无菌玻璃片或显微镜载玻片暴露在空气中一定时间，然后通过显微镜观察取得的孢子。

47

采集食用菌标本应注意哪些事项?

采集食用菌标本时应注意以下事项。

（1）明确采集任务目标，采集到的新鲜食用菌，应立即进行编号和记录，记录包括文字记录、图片记录和制备孢子印。

（2）每种标本需采集足够的数量，可采集 3 ～ 4 份，甚至更多。

（3）对重要的食用菌品种，还需要采集到各个发育阶段的标本。

（4）采集时注意保持标本的完整。采集食用菌子实体时，应带土壤，连同菌柄基部一同采集，使标本完整。

什么是食用菌的菌丝体？其作用是什么？

食用菌的菌丝体既是食用菌在生长过程中形成的一种丝状结构，也是食用菌的营养器官。菌丝体是由许多分枝的菌丝相互交织而成的一个菌丝集合体，具有很强的吸收和运输营养物质的能力。在适宜的环境条件下，菌丝体通过不断的细胞分裂和繁殖，在培养基质中蔓延生长，同时也可以形成子实体，也就是人们日常食用的部位。

菌丝体在食用菌的生长和发育过程中具有多种重要作用。

（1）吸收和输送营养物质。菌丝体可以从培养基中吸收水分、养分和矿物质，并输送基内菌丝降解吸收后的营养物质。

（2）繁殖。菌丝体可以通过分枝和延伸进行繁殖，形成更多的菌丝。

（3）形成子实体。在适当的条件下，菌丝体可以聚集在一起，形成子实体。

（4）分解有机物。菌丝体可将有机物分解为简单的化合物，为自身生长提供能量。

（5）产生代谢产物。菌丝体在生长过程中会产生一些代谢产物，如酶、抗生素、多糖等，这些产物对食用菌的生长、发育和免疫系统具有重要作用。

（6）适应环境。菌丝体可以通过调整自身的生长和代谢方式，来适应不同的环境条件，如温度、湿度、光照等。

食用菌菌丝可分为哪几类?

食用菌菌丝按其发育阶段可分为三类。

初生菌丝（单核菌丝）。孢子刚萌发所产生的单倍体菌丝。生长时期短，菌丝纤细，每个细胞有一个细胞核，不能形成子实体。

次生菌丝（双核菌丝）。由两条初生菌丝质配而成。生长快，时期长，菌丝粗壮，每个细胞有两个细胞核，能形成子实体，有锁状联合结构。

三生菌丝。由次生菌丝进一步发育形成的已组织化的双核菌丝。

50

食用菌菌丝体生长可分为哪几个时期?

食用菌菌丝体生长可分为以下几个时期。

（1）生长迟缓期。接种后，食用菌菌丝需要适应新环境，这个时期菌丝生长较慢，菌丝体的数量逐渐增加。

（2）快速生长期。菌丝体适应新环境后，开始迅速生长，菌丝体的数量不断增加，菌丝逐渐变得粗壮。

（3）生长停止期。由于养分消耗和代谢产物的积累，菌丝体的生长速度逐渐减慢，菌丝体的数量也逐渐减少，这个时期菌丝体开始形成子实体。

51

哪些因素会影响食用菌菌丝体的生长?

影响菌丝体生长的因素如下。

(1)菌种质量。菌种退化、衰老、失活或菌种在恶劣条件下发菌都会影响菌丝的生长。

(2)水分与湿度。菌丝体适宜在潮湿的环境中生长，培养基质的含水量过高或过低均会对菌丝的生长造成不利影响。

(3)温度。食用菌菌丝体通常比较耐低温，菌种可在0～4℃的温度下保存，菌丝体的适宜生长温度为22～28℃，温度过高会导致菌丝受伤或死亡。

(4)pH值。一般木腐型的食用菌喜欢偏酸的环境，少数草腐型的食用菌(如草菇)喜欢偏碱的环境，pH值过高或过低都影响菌丝的生长。

(5)病虫害。培养料被病虫害污染，将导致菌丝体生长发育受到不良影响。

(6)光照。菌丝体阶段不需要光照，应避光处理。

52

食用菌菌丝体的应用有哪些？

食用菌菌丝体可应用到以下几方面。

（1）菌丝体可应用于服装、鞋帽加工等领域，例如，可用菌丝体制作皮革、衣物。

（2）利用菌丝体生产泡沫橡胶材料，具有轻便、透气、阻燃、防水等诸多优点，目前已经被应用于婴幼儿的家居用品，并在北美地区形成了商业化的产品。

（3）将纯菌丝体皮革材料与天然或合成聚合物混合形成复合材料，可制成面膜、眼膜和化妆粉扑等医护美容用品，具有巨大的市场应用潜力。

（4）菌丝体复合材料主要以立体形态存在，由食用菌菌丝与稻谷壳、玉米芯、秸秆、木屑等农林业废料结合形成，主要被用于制作成缓冲包装、建筑砖块、隔音墙板、灯罩、桌椅以及汽车的内部装潢材料等。

53

食用菌菌种是什么？

广义的食用菌菌种是以保藏、试验、栽培和其他用途为目的，具有繁衍能力，遗传特性相对稳定的孢子、组织或菌丝体及其营养性或非营养性的载体。狭义的食用菌菌种是指经人工培养，保存在一定基质内，可供进一步繁殖或栽培使用的纯双核菌丝体。选育优良菌种是食用菌生产的关键环节，菌种就像农作物的种子，在食用菌生产中起着至关重要的作用，菌种的好坏直接关系到生产的成败。

54

食用菌菌种怎么分类?

食用菌菌种按来源、使用目的可分为三种：母种、原种、栽培种。

（1）母种。从自然界分离或通过菌种选育得到的保藏在试管内的菌丝体及其在试管斜面培养基上培养获得的继代培养物，也叫试管种。

（2）原种。由母种接种到培养基上扩大繁育形成的菌种，培养基为棉籽壳、木屑、麦粒等材料，保存在瓶或塑料袋内的菌种。

（3）栽培种。由原种转接到培养料扩大培养而形成的菌种，可直接用于生产，培养料常为棉籽壳、玉米芯、木屑等。

食用菌菌种按状态可分为固体菌种和液体菌种。

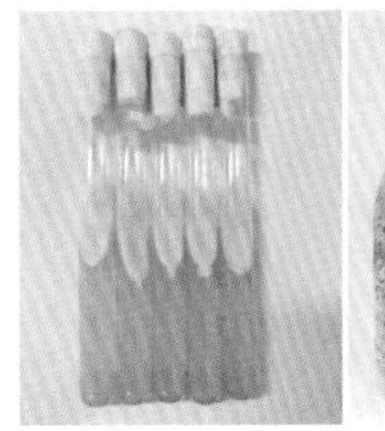

母种

原种

栽培种

55

食用菌菌种的来源有哪些？

食用菌菌种的来源主要有以下几种。

（1）野生食用菌。在自然界中采集的野生食用菌，专业人员可将其带回实验室进行分离和培养。

（2）人工栽培食用菌。人工培育的食用菌通过组织分离和孢子分离等方法获得食用菌菌种。

（3）食用菌菌种中心。专门从事食用菌菌种的研发、生产和销售的机构，通常由政府或科研机构设立，旨在推广食用菌栽培技术和提供食用菌菌种。

（4）食用菌菌种生产企业。专门从事食用菌菌种的生产和销售的企业。

食用菌菌种分离有哪些方法？

食用菌菌种分离是指在无菌条件下将所需要的食用菌从混杂的微生物群体中单独分离出来，在适宜的条件下进行培养获得纯菌种的过程。根据取材和操作方法的不同，分离方法如下。

（1）孢子分离法。在无菌条件下，用食用菌成熟的有性孢子在适宜的培养基上萌发成菌丝体而获得纯菌种的方法。这种方法获得的菌种菌龄短、生活力强，但后代性状不稳定，易出现变异。因此，孢子分离获得的菌种必须经过出菇试验才能用于生产。

（2）组织分离法。在食用菌的子实体、菌核或菌索上取一部分组织，使其在培养基上萌发进行无性繁殖而获得食用菌纯菌丝体的方法。这种方法后代性状稳定、变异小，尤其是子实体组织分离，是目前应用最广泛的菌种分离方法。

（3）基内菌丝分离法。从食用菌生长过的基质中将菌丝分离出来，获得纯菌种的方法，包括菇木分离法、培养料分离法等。这种方法获得的菌种污染率较高，只有当食用菌孢子不易获得、组织分离也较困难时才采用这种方法。

57

食用菌育种有哪些方法?

食用菌育种常用的方法如下。

（1）选择育种。广泛收集品种资源，利用自然条件下的有益变异，去劣存优，逐步形成符合生产需求的新品种。

（2）诱变育种。用物理和化学诱变因子诱发食用菌发生遗传性变异，通过对突变体的选择和鉴定培育新品种。

（3）杂交育种。选用具有亲和性且遗传性状不同的菌株进行交配，使遗传基因重组，选育出具有双亲优点的新品种。

（4）原生质体融合育种。细胞脱壁后获得不同遗传类型的原生质体，利用融合剂使之互相融合，发生基因的交换和重组，从而产生新品种。

（5）基因工程育种。在基因水平上进行遗传操作，将外源基因通过分子生物技术导入细胞内，使外源基因在细胞内表达，改变食用菌原有的遗传特性，获得新品种。

58

食用菌菌种生产的步骤有哪些？

食用菌母种、原种、栽培种菌种的生产均可分为以下步骤：制备培养基、灭菌、接种、培养、质量鉴定。

一、母种生产步骤

（1）培养基的制备。常用的食用菌培养基为马铃薯葡萄糖琼脂培养基。

（2）灭菌。利用高压灭菌锅在 121℃下灭菌 30 分钟。

（3）接种。在超净工作台上进行无菌操作。

（4）培养。接种后的母种试管，一般放置在 22～28℃的恒温培养箱中避光培养。

（5）母种质量鉴定。鉴别菌种的长相、纯度、菌龄、生活力等指标是否符合要求。

二、原种生产步骤

（1）培养基的制备。常用的原种培养基有麦粒类培养基和代料培养基（如木屑培养基、玉米芯培养基）。

（2）灭菌。利用高压灭菌锅在 126℃下灭菌 1.5～2 小时。

（3）接种。将母种接种到原种培养基中并做好标记。

（4）培养。培养室提前进行清理、消杀，培养过程中注意保湿、避光、控温、通风。

（5）原种质量鉴定。优质的原种瓶无破损、棉塞无污染，菌丝粗壮、生长整齐，无其他颜色斑点，培养基与瓶结合紧密。

三、栽培种生产步骤

（1）培养基的制备。实际生产中可根据当地资源灵活选用配方，目前应用最广泛的是木屑配方和玉米芯配方。

（2）灭菌。实际生产中由于栽培种量大，常采用常压灭菌设施进行灭菌，即在100℃的水蒸气温度下，灭菌10～14小时。

（3）接种。

（4）培养。培养中要注意控温、防污染、防烧菌，培养室要求避光、保湿、控温、通风。

（5）栽培种质量的鉴定。优质的栽培种菌丝洁白粗壮、生长均匀一致，含水量适中，菌种与袋壁紧密结合，无大量原基，无拮抗线，无酸、臭、霉等腐败气味。

59

食用菌菌种生产的设备有哪些？

食用菌菌种生产的设备如下。

（1）培养基制作设备：切片粉碎两用机、粉碎机、铡草机、拌料机、装袋机、装瓶机、挖瓶机、菌种袋、菌种瓶。

（2）灭菌设备：高压灭菌器。

（3）接种设备：接种箱、接种室、超净工作台、接种工具（接种针、接种环、接种铲、接种枪、接种镊等）。

（4）培养设备：培养箱、培养室。

（5）菌种保藏设备：冰箱、储藏室。

60

食用菌菌种生产中为什么越来越多地使用液体菌种?

食用菌液体菌种是在生物发酵罐里，采用液体培养基通过深层发酵培养得到的大量絮状或球状的菌丝体。它具有以下几个特点。

（1）生产周期短。液体菌种的生产周期通常为 5 ～ 7 天，大大节约菌种生产时间。

（2）生产成本低。原料来源广泛，价格低廉。

（3）接种简便。液体菌种呈流体状态，便于工厂化接种操作。

（4）菌种质量稳定。液体菌种生长发育一致，菌龄整齐。

食用菌菌种保藏方法有哪些？

生产中常用以下方法进行菌种保藏。

（1）斜面低温保藏。这是一种简便、常用的菌种保藏方法。将菌种在适宜的斜面培养基上进行培养成熟后，移入0～4℃的冰箱内保藏，每隔2～3个月转管一次。

（2）液体石蜡保藏。用灭菌后的液体石蜡灌注在菌种斜面上，减少氧气，防止水分蒸发，需垂直放置保藏，可保藏5～7年。

（3）砂土管保藏。将食用菌担孢子保藏在无菌的砂土管中，由于砂土干燥和缺乏营养，加上砂土还有一定的保护作用，保藏时间可达数年。

（4）滤纸保藏。将孢子吸附在滤纸上，干燥后保藏。

（5）液氮超低温保藏。将菌种接种到无菌平板中，食用菌菌丝长满平板后用0.5毫米打孔器取2～3块，置于10%的甘油试管中，密封后进行降温，降温速度是每分钟1℃，降温到-40～-30℃，迅速置于液氮中冷藏。

62

鉴别食用菌菌种质量的方法有哪些？

菌种质量的鉴定主要是鉴别菌种的长相、纯度、菌龄、生活力等指标是否符合要求。鉴定的方法主要有直接观察、显微镜检验、菌丝萌发、生长速率测定、菌种纯度测定、吃料能力鉴定、耐温性测定和出菇试验等，其中出菇试验是最简单、直观、可靠的鉴定方法。

食用菌优质菌种有纯、正、壮、润、香五个特征。

（1）菌种的纯度高，无杂菌污染，无斑块，无拮抗线。

（2）菌丝无异常，具有亲本的形态特征，如菌丝纯白、有光泽，生长均匀整齐，原种、栽培种菌丝连结成块，无老化变色现象。

（3）菌丝发育粗壮，分枝多而密，接种到培养基中吃料快，生长旺盛。

（4）菌种含水量适宜，培养基湿润，与瓶（袋）壁紧贴不干缩。

（5）无霉、腐气味，具有该品种特有的清香味。

63

如何鉴定菌种是否退化？

菌种的退化是发生在细胞群体中一个由量变到质变的逐步演变过程。最初，菌种群体中有个别细胞发生不利变异，如果不及时采取有效控制措施，在后来的传代过程中这种不利变异的细胞比例会增加，导致菌种退化。

食用菌菌种退化的主要特征有菌丝体生长缓慢、长势稀疏、尖端生长不整齐、对环境条件（氧气、温度、酸碱度、二氧化碳）和杂菌的抵抗力变弱、易受病虫害感染、生活力衰退、优良性状丧失、代谢能力降低、出菇迟、产量降低、出菇潮次不明显等，可从以上特征鉴定菌种是否退化。

64

怎么预防食用菌菌种退化?

可从以下几个方面预防食用菌菌种退化。

（1）控制传代次数。尽量避免不必要的移种和传代，严格控制移种次数，采取良好的菌种保藏方法，减少自发突变的概率。

（2）创造良好的培养条件。在食用菌生长中，创造一个适合菌种生长的条件，可在一定程度上减少菌种的退化。

（3）利用不同的细胞进行接种传代。食用菌菌丝细胞通常是异核体或多核体，因此用菌丝进行多次接种传代会出现不纯和退化，而担孢子一般是单核的，用于接种保藏时，就不会出现这种现象。

（4）采用有效的菌种保藏方法。尽量保持菌种的优良性状，降低菌种衰亡速度，确保菌种纯正，防止杂菌污染。

65

食用菌子实体是什么？

食用菌子实体既是食用菌的繁殖器官，也是可食用部分。它是由菌丝体经过分化和生长形成的具有特定形态和结构的产物，一般由菌盖、菌柄、菌褶、菌环和菌托组成。

菌盖是伞菌子实体的帽状结构。菌柄是菌盖的支撑部分，除胶质、菌核、腹菌等少数种类外，多数食用菌都有菌柄结构，菌柄的形状一般有圆柱形、棒形、纺锤形等。菌褶是指菌盖下面呈刀片状的产生孢子的组织。担子菌菌褶产的有性孢子为担孢子，子囊菌产的有性孢子为子囊孢子。菌环是指某些食用菌菌柄上的环状物，是内菌幕的残余物。菌托是位于菌柄底部的杯状物，菌托的形状有苞叶状、鞘状、鳞茎状、杯状及颗粒状等。

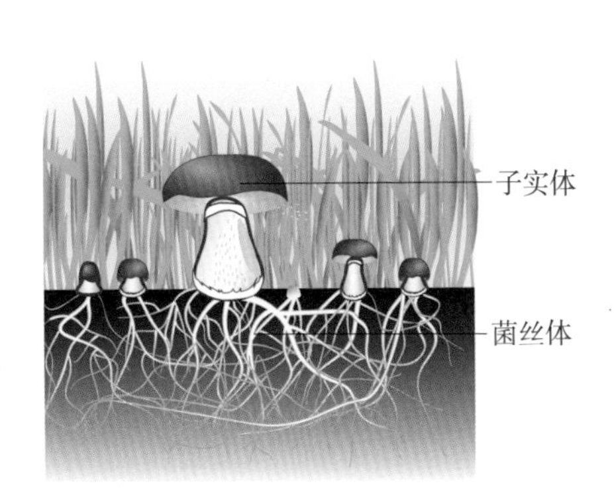

66

食用菌菌盖的大小和菌柄的长短是否会影响其口感和品质？

食用菌菌盖的大小和菌柄的长短会对食用菌的口感和品质产生影响。一般来说，菌盖大、菌柄短的食用菌口感较好，品质较高，外观较美观，更受消费者喜爱。如香菇、双孢蘑菇等，以菌盖肉质饱满肥厚，直径 3 ～ 6 厘米，菌盖下卷，菌褶整齐，菌柄短粗为佳。如金针菇、茶树菇等，以菌盖呈现半球形或扁圆形，大小均匀，菌柄长度适中，10 ～ 15 厘米为佳。

67

食用菌菌褶与菌柄的连接方式有哪些?

食用菌菌褶与菌柄的连接方式主要有以下几种。

（1）延生。菌褶沿菌柄向下延伸，如平菇。

（2）离生。菌褶不与菌柄相连，二者间有一定距离，如草菇。

（3）弯生。菌褶与菌柄连接处呈弯曲状，如金针菇。

（4）直生。菌褶直接着生在菌柄上，如红菇。

68

我国栽培上通常所指的五大食用菌是哪几种？

我国栽培上通常所指的五大食用菌分别是金针菇、香菇、平菇、黑木耳以及双孢蘑菇。这五大食用菌口感鲜嫩、风味独特，营养丰富，深受消费者喜爱，具有较大的市场需求。经过长期栽培实践和研究，这五大类食用菌的栽培技术已较为成熟，便于市场应用及推广，具有较高的经济价值和社会价值。目前这五类食用菌在我国被广泛栽培，具有一定的产业规模。

食用菌生长过程中能进行光合作用吗?

光合作用通常是植物利用光能将二氧化碳和水转化为有机物质的过程。而食用菌作为一种真菌，缺乏叶绿素，无绿色植物的根茎叶的构造，不能进行光合作用，是通过分解有机物来获取营养。因此，在食用菌栽培过程中，它们并不像植物那样需要通过光合作用来获取养分。

70

食用菌生长需要什么营养物质?

食用菌生长所需的营养物质主要分为以下几类。

（1）碳源。常见的碳源包括木屑、秸秆、稻草、麦麸、玉米芯、棉籽壳等，其主要作用是构成细胞组织和提供食用菌生长发育所需要的能源，可根据食用菌的种类、原料成本等因素因地制宜地选择合适的碳源。

（2）氮源。常见的氮源分为有机氮源和无机氮源两大类。其中，有机氮源主要来自蛋白质类物质，如豆粕、菜籽粕、鱼粉等。它们通常含有丰富的氨基酸和其他营养成分，是食用菌生长的理想氮源。无机氮源则主要包括氯化铵、硝酸铵、尿素等化合物。这些氮源可直接被食用菌吸收利用，但它们通常不含氨基酸等营养成分，因此在提供无机氮源的同时，也需要提供适量的有机氮源来满足食用菌的营养需求。

（3）矿物质。矿物质如磷、钾、钙、镁、硫等，对于食用菌生长中构建细胞结构、参与代谢过程、调节生理功能等具有重要作用。其中，磷参与细胞的能量代谢和遗传物质的合成，钾有助于维持细胞的渗透压和离子平衡，钙有助于维持细胞的稳定性和形态，镁是许多酶的激活剂，硫参与蛋白质的合成和代谢，这些矿物质均在食用菌的生长过程中发挥着重要的作用。

（4）生长因子。生长因子是食用菌自身不能合成而必须靠外源提供才能维持正常生理功能的微量有机物，如维生素、碱基、植物激素等，它们能够有效促进食用菌的菌丝生长和子实体的形成，进而提高食用菌的产量和品质。

71

食用菌的培养料有哪些？

食用菌的培养料是可用于栽培食用菌的基质或原料，它为食用菌的生长提供了所需的营养物质。一般不含有毒有害物质和特殊异味的农林副产物均可作为食用菌栽培的培养料。

71 食用菌的培养料有哪些？

根据生产量的需求，食用菌培养料一般分为主料和辅料两部分。主料是能够提供食用菌生长所需营养物质的主要原料，以提供碳源为主要目的，通常占比较大。常见的主料有木屑、棉籽壳、稻草、秸秆等，具有来源广泛、取材容易、价格低廉等优点。辅料指在栽培料中使用量较小，但具有补充或改善栽培主料营养成分、物理性质或者酸碱度等作用的原料。常见的辅料有麸皮、米糠、豆粕、石膏、碳酸钙、石灰等。

72

食用菌培养料需具备哪些条件?

食用菌培养料需要具备以下条件。

（1）营养丰富。含有充足的碳源、氮源、矿物质和维生素等营养物质，以满足食用菌的生长和发育需求。

（2）适宜的酸碱度。大多数食用菌喜好偏酸或者中性的环境，根据不同的食用菌品种，调节适宜的酸碱度，通常 pH 值在 5.5 ～ 7.5。

（3）良好的透气性和保水性。食用菌的正常生长需要充足的氧气和潮湿的环境。

（4）合适的配方。根据不同的食用菌品种和栽培条件，选择合适的配方。

73

食用菌的栽培方式有哪些?

食用菌的栽培方式有以下几种。

（1）生料栽培。培养料未经高压或常压灭菌处理直接接种栽培的方式。生料栽培多限于菌丝生长力强的食用菌品种，如平菇。

（2）熟料栽培。将培养料经高压或常压灭菌处理后，进行接种栽培的方式。多数木腐菌适宜用熟料栽培。

（3）发酵料栽培。将培养料经堆制发酵处理后，进行接种栽培的方式。多数草腐菌适宜用发酵料栽培。

74

食用菌的生产有季节性吗?

食用菌的生产具有一定的季节性，根据品种、生长区域、温度、湿度、光照等环境因素的要求而不同。

（1）以湖南地区为例，羊肚菌和大球盖菇是秋冬季节常见的食用菌，草菇、双孢菇等多为春夏季节常见的食用菌。

（2）在南方地区，香菇的栽培时间在每年的10月至翌年的5月。在北方地区，香菇的栽培时间在每年的3—9月。

（3）平菇品种分为中高温型、低温型和广温型，在自然条件下一年四季可生长，不同季节生长的平菇质量和产量会有所不同。

随着栽培技术的提高和现代栽培设施设备的使用，可通过人工调控环境因素（如温度、湿度、光照等）使食用菌能在全年进行生产。目前，金针菇、杏鲍菇、双孢蘑菇等已实现工厂化周年化栽培。

75

低温才能栽培食用菌吗?

温度是影响食用菌生长发育的重要因素，温度过高或过低都不利于食用菌的生长，甚至导致死亡。大多数食用菌的菌丝体比较耐低温，0℃左右菌丝会停止生长。但草菇例外，菌丝体在5℃以下就会逐渐死亡。不同食用菌子实体发育的适宜温度也不相同，依据食用菌子实体分化（出菇）时所需的适宜温度，可将食用菌分为以下几种类型。

（1）低温型。子实体分化的最高温度在24℃以下，最适温度在20℃以下，如金针菇、羊肚菌、滑子菇、杏鲍菇等。

（2）中温型。子实体分化的最高温度在28℃以下，最适温度在20～24℃，如茶树菇、木耳、金顶侧耳、鸡腿菇等。

（3）高温型。子实体分化的最高温度在30℃以上，最适温度在24℃以上，如草菇、灵芝、长根菇等。

（4）广温型。对温度不敏感，适宜于四季栽培的食用菌品种，如香菇等。

76

食用菌栽培中为什么要经常通风换气?

食用菌栽培中经常通风换气有很多好处。首先，通风换气可提供新鲜的氧气，满足食用菌的呼吸需求，促进其生长发育。其次，通风换气可调节菇房内的湿度。湿度过高容易滋生霉菌和细菌，对食用菌的生长不利。最后，通风换气还有助于调节菇房内的温度，使其保持在适宜的范围内。

77

为什么栽培食用菌需要蔽荫？

栽培食用菌需要进行蔽荫的主要原因如下。

（1）控制光照强度。在发菌期蔽荫可以降低光照强度，从而促进菌丝体的生长。在出菇期，通过遮阳网等设施进行光线调节，促进子实体的生长。

（2）调节环境温度。在温度较高的季节或时段，蔽荫能降低环境温度。

（3）调节湿度。采取蔽荫措施能减少培养料中水分的散失。

78

食用菌栽培中，常用的酸碱度调节剂有哪些？

在食用菌栽培中，常用的酸碱度调节剂有以下几种。

（1）石灰。石灰是一种常用的碱性调节剂，主要成分是氧化钙。例如在平菇培养料中加入2%～4%的石灰，一方面可作为缓冲剂，稳定培养料的酸碱度，另一方面起到杀菌消毒的作用。

（2）石膏。石膏是一种中性的试剂，主要成分是硫酸钙。石膏在培养料中的添加量一般为1%～3%，可中和培养料中的酸性物质，从而提高酸碱度。此外，石膏可提供钙、硫等矿质元素，促进食用菌的生长和发育。

（3）碳酸钙。在食用菌栽培中碳酸钙和石膏的作用类似，起到酸碱缓冲剂的作用。

79

食用菌生产中常用的消毒方法有哪些？

在食用菌生产中，常用的消毒方法有以下几种。

（1）紫外线消毒。通过紫外线的照射，杀死空气和培养料表面的微生物。杀灭微生物的波长为 200 ～ 300 纳米，最佳杀菌波长为 250 ～ 270 纳米。

（2）臭氧消毒。利用臭氧发生器将空气中的氧气转换成高浓度的臭氧，依靠臭氧强大的氧化作用而杀菌。

（3）化学消毒：利用化学药物作用于微生物，使其因失去正常的生理功能而死亡。常用方法有熏蒸消毒、喷雾消毒、擦拭消毒等。

80

食用菌栽培中的杂菌污染有哪些？一般如何防控？

杂菌污染是食用菌栽培中常见的问题，会影响食用菌的产量和质量。以下是一些常见的杂菌。

（1）青霉。食用菌生产中常见的污染性杂菌。青霉喜欢酸性环境，菌丝生长较慢，产生大量绿色的分生孢子，形成一片青绿色粉状霉层，分泌毒素，抑制食用菌菌丝的生长。

（2）木霉。食用菌生产中发生最普遍、危害最严重的杂菌之一。木霉侵染食用菌时，最初长出白色、紧密的菌落，随后菌落从中心到边缘逐渐变成绿色或暗绿色粉状霉层，使食用菌菌丝失去营养而停止生长或逐渐死亡。

（3）曲霉。曲霉侵染食用菌后会与食用菌菌丝争夺养分和空间，还会分泌毒素危害食用菌菌丝。

（4）链孢霉。链孢霉的菌丝很少，生长周期短，在1～3天后就能形成成堆的孢子，孢子随空气传播重复侵染。高温更易发生此病害。

80 食用菌栽培中的杂菌污染有哪些？一般如何防控？

杂菌污染一般的防控方法如下。

（1）保持培养环境清洁。接种前，要对培养室、接种室、接种工具、培养基质等进行彻底的消毒。

（2）严格控制培养条件。培养温度、湿度、光照等要符合食用菌的生长要求，避免杂菌的生长。

（3）规范接种操作。规范接种操作是防止杂菌污染的重要措施。严格进行无菌操作，接种流程准确无误。

（4）及时处理污染。一旦发现杂菌污染，要及时采取措施，如清理污染物、更换培养基质、消毒培养室等，以防止杂菌的蔓延。

81

食用菌栽培中导致病虫害发生的原因有哪些？

食用菌栽培中病虫害发生的原因有很多，主要包括以下几个方面。

（1）培养料配比不当。当培养料配比不恰当，如含水量过大、酸碱度不合适等，会为病虫害的繁殖提供条件。

（2）环境条件不适宜。环境温度、湿度、通风等条件不适宜，导致菇房闷热，潮湿过度，光照不足，病虫害更易发生。

（3）管理不善。栽培过程中未及时清理菇房、消毒设备等会引发病虫害。

（4）品种抗性差。不同食用菌品种对病虫害的抗性也不同，抗病性较差的品种易受到病虫害的侵害。

82 食用菌病虫害的防治原则是什么?

食用菌病虫害的防治原则是“以防为主，综合防治”。具体来说，包括以下几个方面。

（1）选择抗病品种。选择抗病性强的食用菌品种进行栽培。

（2）保持菇房清洁卫生。使用前熏蒸消毒，通风晾干后使用，定期清理菇房，及时清除杂物和污染源。

（3）加强管理。科学喷水，注意通风换气，保持菇房适当的温度和湿度。

（4）合理使用生物农药。如果病虫害发生严重，应选择高效、低毒、低残留的生物农药进行防治，并按照正确的方法和剂量使用。

83

食用菌栽培中需要使用农药吗？

在食用菌栽培过程中，通常不需要使用农药。如果食用菌受到病虫害的侵害，可考虑使用生物农药进行辅助防治。在使用过程中，应注意以下几点。

（1）选择合适的农药。选择对食用菌安全、对病虫害有效的农药。

（2）掌握正确的使用方法，按照农药的说明书使用。

（3）注意安全。使用农药时，注意人身安全。

（4）按照 NY/T 2375 中 4.6 病虫害防控的规定进行，其中用药应符合 NY/T 393 和农业农村部相关公告的规定。

食用菌栽培后的菌渣怎么处理较好?

食用菌栽培后的菌渣含有丰富的有机质和营养物质，可以用来作为肥料、饲料、燃料等。以下是一些常见的菌渣处理方法。

（1）肥料。将菌渣与其他有机物质混合，进行堆肥处理，制成有机肥料。

（2）饲料。将菌渣进行干燥、粉碎等处理，制成菌物饲料，用于饲养畜禽。

（3）燃料。将菌渣进行干燥、压缩等处理，制成菌物燃料，用于生物质发电、取暖等。

（4）其他用途。将菌渣进行深加工，提取其中的有效成分，如多糖、蛋白质等，用于医药、食品等领域。

85

如何利用农林废弃物栽培食用菌？

农林废弃物是指在农业或林业生产中产生的有机类废弃物，如农业作物秸秆、畜禽粪便等。在食用菌栽培中，农林废弃物作为栽培原料的主要成分之一，用以降低生产成本，实现资源的循环再利用。以下是常见的农林废弃物栽培食用菌的利用途径。

（1）秸秆类废弃物利用。秸秆属于较为常见的农业废弃物。在食用菌栽培中，通常将其进行粉碎、浸泡、消毒等处理，是食用菌栽培原料的主要成分之一。

（2）木屑类废弃物利用。大量阔叶木屑可被用于食用菌栽培，松树、杉树等针叶木屑不适合作为食用菌栽培的原料。

（3）玉米芯、麦麸类废弃物利用。玉米芯是玉米的籽粒脱落后剩下的玉米棒芯，含有丰富的纤维素、半纤维素和木质素等有机物质。麦麸是小麦加工过程中产生的一种副产品，含有丰富的蛋白质、膳食纤维、维生素和矿物质等营养成分。它们也可作为食用菌栽培原料的主要成分。

（4）畜禽粪便利用。畜禽粪便含有丰富的有机质和营养元素，通过将其堆肥、发酵等处理后使用。常用的动物粪便有牛粪、羊粪、猪粪、鸡粪等。应注意，在利用畜禽粪便栽培食用菌时，需要对其进行充分的消毒和处理，以避免病虫害的发生。

86

人工栽培食用菌过程中在什么时期进行子实体采收？

通常情况下，可从以下几个方面来判断食用菌的采收时期。

（1）子实体的成熟度。通过观察子实体的外观特征，如形状、大小、颜色、气味、质地等，以确定其是否达到采收的标准。为了保证食用菌的商品价值，一般是在七八成熟的时候进行采收，这时食用菌的口感、外形都是极好的。以香菇为例，七八成熟的状态是菌膜已破，菌盖尚未完全开展，尚有少许内卷形成铜锣边，菌褶已全部伸长，菌盖转为黄褐色或深褐色，这时采收商品价值较高。

（2）品质和口感。适时采收的子实体通常大小适宜，脆嫩多汁，风味浓郁。过早采收的子实体个头较小，口感不佳，风味寡淡，而过晚采收的子实体不仅口感粗糙，还可能因子实体腐烂而产生怪味或异味，进而影响食用。

（3）市场需求。根据市场需求和销售计划，选择适当的采收时期。

87

食用菌采收后如何进行储藏保鲜？

食用菌采收后，如不立即销售，应尽快进行科学的储藏保鲜，以保持其品质和风味。下面是食用菌鲜品常见的储藏保鲜方法。

（1）冷藏保鲜。最为常见的食用菌储藏和保鲜温度一般是0～5℃，通过低温抑制微生物的生长和繁殖，降低酶活性等，达到延长食用菌保质期的目的。

（2）气调保鲜。将食用菌鲜品放入气调保鲜袋或气调保鲜盒中，调节袋或盒内的空气组分比例，抑制食用菌的生理代谢活动，达到保鲜目的。

（3）化学保鲜。通过化学保鲜剂（包括防腐剂、抗氧化剂、精油等）的浸泡或喷洒，有效抑制微生物生长，起到保鲜作用。

（4）辐照保鲜。利用射线的强穿透性，对食用菌鲜品进行辐照处理，破坏微生物的细胞结构，降低酶活性来达到保鲜目的。

88

食用菌采后变质的主要影响因素有哪些？

食用菌采后变质的主要影响因素如下。

（1）水分。食用菌采后水分易损耗，导致失重、失鲜，起皱，变形。

（2）微生物。食用菌常因微生物病菌侵染而引起软化腐败，甚至产生有毒物质。

（3）虫害。菇蝇、菌螨等害虫严重影响食用菌的质量。

（4）氧化反应。食用菌内的糖类、脂肪类等物质发生氧化反应后，出现变色、产生异味等不良现象，还可能会产生有毒物质。

（5）机械损伤。食用菌受到机械损伤后更易受到微生物侵染。

89

怎么挑选新鲜的食用菌？

挑选新鲜食用菌的要点如下。

（1）外观。形态完整、无开裂、无破损。

（2）手感。子实体紧实，表面干燥、无水分，用手按压时具有较好的弹性。

（3）气味。通常有该食用菌特殊的香味，无异味。

（4）颜色。色泽鲜亮、有光泽。

（5）包装。购买有包装的食用菌鲜品时，应注意包装是否完整、干净，是否按要求标注生产日期和保质期。

如何挑选新鲜的双孢蘑菇？

双孢蘑菇营养丰富，是一种低热量、低胆固醇、低钠的健康食材。但很多人在购买时不知道如何挑选，大部分消费者认为表面白色光滑的双孢蘑菇就是优质菇，其实并不是，表面看起来白色光滑的双孢蘑菇可能是药水浸泡过的“水洗菇”。有些不法商贩为了让双孢蘑菇看起来更新鲜白嫩、存放时间更长，会加入一些化学药剂对双孢蘑菇进行漂白保鲜。在购买过程中，我们可采用如下三种方式辨别“水洗菇”。

一看，正常双孢蘑菇呈白色或稍微带黄，而含漂白剂的双孢蘑菇，表面白亮，有水洗的感觉。

二闻，正常双孢蘑菇有一股自然的清香，漂白双孢蘑菇却有一种刺激性味道。

三摸，正常双孢蘑菇表面沾有泥巴，摸上去比较粗糙、干燥。而含有荧光漂白剂的双孢蘑菇，表面滑爽，手感好，有湿润感，有些表面还有粉末状的东西。

91

草菇能在低温下保存吗?

草菇属于真菌界、担子菌门、伞菌纲、伞菌目、光柄菌科、小包脚菇属，是一种高温型食用菌，菌丝生长温度范围是 20 ～ 40℃，最适温度为 32 ～ 35℃，10℃以下菌丝会停止生长，5℃以下菌丝很快死亡。因此，草菇菌种不宜在低温下保存。

通常，食用菌的适宜贮藏温度为 0 ～ 5℃。但研究发现，草菇的适宜贮藏温度为 15℃。当草菇在低温条件（0～4°C）保存时，会出现渗水、软化和自溶等现象。草菇的“低温自溶”现象涉及许多低温诱导基因的复杂生理代谢过程，同时还与草菇的细胞膜稳定性、蛋白酶活性等有关。

目前市场上的草菇以鲜销为主，即买即食。随着加工技术的发展，草菇被开发成各类加工产品，如干制草菇、速冻草菇、草菇罐头、草菇生抽等。

92

食用菌的初级加工方法有哪些？

食用菌的初级加工方法包括以下几种。

（1）干制。是食用菌最常用的加工方法，通常将食用菌干制品的含水率控制在 12% 以内，以便于储存和运输。

（2）腌渍。利用盐、醋、糖等调味料对食用菌进行腌渍，使微生物在高浓度溶液中大量失水死亡，抑制微生物的增殖，达到灭菌和脱水的目的，同时还可增加风味。

（3）罐头加工。食用菌经处理、装罐、密封、杀菌或无菌包装而制成的食品。罐头食品食用方便，经久耐藏。

93

新鲜食用菌比干制食用菌营养价值更高吗?

新鲜食用菌含水量通常为85%～90%，在采收和运输过程中极易受到损伤，采收后保质期较短。但经脱水干制后，食用菌的储藏期可极大地延长，经济效益提高。

从营养学角度来说，新鲜食用菌与干制食用菌没有太大差别。食用菌干制过程中会引起部分营养成分的变化，某些生理活性物质以及一些维生素类物质（如维生素C等）由于不耐高温，在烘干过程中易受破坏，菌体中的可溶性糖在较高的烘干温度下可能焦化而损失，但对大多数营养成分并不会造成显著影响。烘干后的食用菌含水量降低，细胞失去活性，不再消耗菌体的营养物质进行呼吸代谢，其营养成分的损失相比新鲜食用菌要小得多。因此，只要烘干工艺得当，新鲜食用菌和干制食用菌均营养丰富，消费者可根据需求选购和食用。

为什么要对食用菌进行干制处理?

食用菌在采收后很容易变质，主要是因为其含有丰富的蛋白质和较高的水分，容易受到外界微生物的污染，导致腐烂。因此，需要对食用菌进行干制处理。

（1）干制处理可以降低食用菌中的水分，抑制其内微生物的活性和繁殖速度，从而达到长期储存的目的。

（2）新鲜食用菌在运输、装卸过程中容易受到外力影响而损伤，导致腐烂变质。干制处理更有利于食用菌的运输。

（3）食用菌鲜品的季节性很强，干制后保质期延长，更能满足市场的需求。

95

常见的食用菌干制方法有哪些？

常见的食用菌干制方法有自然晒干、热风干燥、微波干燥和真空冷冻干燥等。

（1）自然晒干。通过自然阳光下的晾晒使食用菌内水分蒸发，达到干制的目的。这种方法简单易行，但需较长的时间，且容易受天气条件的影响。

（2）热风干燥。通过热风干燥设备使食用菌达到脱水的目的。这种方法效率高，但需要一定的设备和能源投入。

（3）微波干燥。将食用菌置于微波干燥机中，通过微波达到干制的目的。这种方法效率高，食用菌脱水均匀。

（4）真空冷冻干燥。通过将食用菌置于真空冷冻干燥机中进行食用菌干燥。这种方法能够较大程度地保留食用菌的风味和部分营养成分。

96

食用菌干制过程中需要注意哪些问题?

食用菌干制过程中应注意以下事项。

（1）新鲜食用菌不能堆叠放置，避免影响干燥的速度和脱水的均匀度。

（2）自然干制应提前留意天气，宜在晴天进行，减少干燥时间。

（3）应严格控制各阶段的烘干条件。食用菌干制一般采用多阶段烘干，在烘干过程中要特别注意温度与湿度的控制。低温起烘，定型定色，以保证菇体形状饱满，不塌陷。烘干过程中应保持恒温，否则干菇表面无光泽。烘干温度低，食用菌菌褶泛白；温度太高，菌褶过黄。

（4）烘干后应适当回软再装袋，避免食用菌干品在装袋时破碎。

97

哪些食用菌适合腌渍？腌渍过程中要注意什么问题？

适合腌渍的食用菌主要有双孢蘑菇、香菇、平菇、草菇、滑菇、鲍鱼菇、猴头菇等。腌渍中应注意以下事项。

（1）选取朵形完整的新鲜食用菌及时进行预煮、加工。

（2）预煮时，防止食用菌与铁、铜质容器接触，避免菌体变黑。

（3）控制好预煮的时间和温度，使食用菌熟而不烂。

（4）保证水质，使用干净合格的纯净水进行加工。

（5）水中加适量的柠檬酸，有助于防腐和护色。

（6）及时进行密封保藏。

98

如何将香菇制作成香菇酱?

香菇酱的制作流程如下。

（1）制作香菇汁。香菇洗净后切成细条，加水煮沸30分钟，使菇汁充分浸提至水中。加入少量食盐，即为香菇汁。

（2）制作大豆酱。大豆洗净后浸泡，然后将大豆转浸在热碱溶液中，5～6分钟后立刻用清水冲去碱液，此时大豆皮易脱落。再将15千克面粉和25千克无皮大豆加入适量水搅拌，入锅蒸煮，以豆熟又软且不软烂为度。冷却至25℃后加入米曲霉菌种进行发酵，发酵成熟后即为大豆酱。

（3）制作辣椒酱。红辣椒洗净，取5千克辣椒加1.5千克盐，按一层辣椒一层盐进行腌制，压实。待辣椒腌制好后，将辣椒磨成酱。

（4）制作香菇酱。将辣椒酱和香菇汁倒入锅中加热至60℃后加入捣碎后的大豆酱，待温度升至60℃后移入发酵缸，上盖白布，布上用食盐封口，发酵约1个月。加入炒熟的芝麻、酱油、糖、香油，加入适量盐调整口味，即为色泽酱红且有光泽的香菇酱。

灵芝粉、灵芝孢子粉和灵芝破壁孢子粉有什么不同?

灵芝粉是灵芝子实体通过研磨而成。灵芝孢子粉是灵芝的“种子”，它的细胞壁由几丁质和纤维素组成，比较坚硬，其内的营养成分很难被完全消化和吸收。灵芝破壁孢子粉是灵芝孢子粉经过特殊处理（如物理撞击敲碎、生物分解破壁、低温碾压破壁等）所得到的产品。与灵芝孢子粉相比，破壁灵芝孢子粉打破了坚硬的细胞壁，使营养成分更容易被人体吸收和利用。

100

灵芝孢子油是怎么获得的？

灵芝孢子油是通过对灵芝孢子进行破壁、提取和精炼制得的。具体过程包括：将灵芝孢子进行破壁，使其内容物释放出来，然后使用索氏抽提法、溶剂浸提法、超临界萃取法或超声波提取法进行提取，再经过精炼去除其中的杂质，最终得到灵芝孢子油。

灵芝孢子油含有丰富的不饱和脂肪酸、三萜类化合物、甾醇类化合物、多糖等物质，具有抗氧化、免疫调节、降血脂、抗肿瘤等多种功效，在保健品和药品领域有着广泛的应用。目前市场上的主要产品为灵芝孢子油胶囊。

参考文献

暴增海，杨辉德，王莉，2010. 食用菌栽培学 [M]. 北京：中国农业科学技术出版社 .

曹赞丽，王小新，杜景刚，等，2012. 对花菇形成机理的分析及异议 [J]. 食用菌（4）：2.

陈海强，胡汝晓，彭运祥，等，2011. 食用菌鲜味物质研究进展 [J]. 现代生物医学进展，11（19）：4.

陈雪寒，2002. 常吃食用菌好处多 [J]. 山东食品科技（7）：19.

陈月菊，2012. 几种常见食用菌嘌呤含量测定及其加工中动态变化研究 [D]. 南京：南京农业大学 .

江微，杨江华，李川，2009. 食用菌菌种分离研究进展 [J]. 农技服务（7）：2.

靳羽慧，邓楚君，赵慧，等，2018.3 种常见食用菌营养成分和嘌呤物质含量分析 [J]. 中国食用菌，37（4）：5.

李曦，邓兰，周娅，等，2021. 金耳，银耳与木耳的营养成分比较 [J]. 食品研究与开发，42（16）：6.

刘又嘉，龙承星，贺璐，等，2017. 四君茶与猴头菇健脾养胃的研究进展 [J]. 中国微生态学杂志，29（4）：487–493.

刘远超，梁晓薇，莫伟鹏，等，2018. 食用菌菌种保藏方法的研究进展 [J]. 中国食用菌，37（5）：1–6.

潘子奇，徐腾，张代均，等，2015. 北京市海淀区市售两种食用菌重金属含量检测及部分居民知信行调查 [J]. 食品安全质量检测学报（6）：2361–2367.

臧金平，袁生，连宾，2004. 蜜环菌的研究进展 [J]. 微量元素与健康研究，21（3）：4.

张黎光，李峻志，祁鹏，等，2014. 毒蕈中毒及治疗方法研究进展 [J]. 中国食用菌，33（5）：1–5.

邹盛勤，陈武，2005. 食用菌的营养成分·药理作用及开发利用 [J]. 安徽农业科学（3）：502–503.